難しい数式は
まったくわかりませんが、

相対性理論

を教えてください！

ヨビノリたくみ

教育系
YouTuber

はじめに

　現在、私はYouTube上で"予備校のノリで学ぶ「大学の数学・物理」(通称：ヨビノリ)"というチャンネルで理系の大学生や受験生に向けた数学や物理の授業動画を配信しています。これまで出した動画の数は2019年11月現在で350本以上にのぼり、チャンネル登録者も20万人を突破しました。

　ヨビノリで配信している動画は1本あたり約10分で、隙間時間に見やすいよう単元ごとに短くまとめています。しかし、数学や物理の中には、まとまった時間をとったほうが理解度がグッと増す単元がいくつかあると考えています。

　そのうちの1つが、前著『難しい数式はまったくわかりませんが、微分積分を教えてください！』でした。

　そして、今回2冊目の著書のテーマに選んだのが、「相対性理論」です。相対性理論は、20世紀初頭にアルバート・アインシュタインが発表した、非常に有名な理論です。文系の方でも、「名前は聞いたことがある」という人は多いと思います。

　相対性理論では、私たちがふだん身近に感じている「空間や時間」の概念を、根本から覆す理論が展開されています。

　つまり、相対性理論を学ぶことは、私たちが暮らしている世界の「真

の姿」を学ぶということに他なりません。

　相対性理論を学ぶことで、今見ているこの世界が、まったく別の景色に変わってくるのです。

　私自身も、はじめて相対性理論を学んだとき、自分の目の前に広がる世界が、まるでガラガラと音を立てて崩れていくような衝撃を受けました。

　本書を手にとってくださった方の中には、「相対性理論を理解するには数学や物理の高度な知識が必要なのでは？」と不安に思う人も多いかもしれません。

　しかし、本書で改めて詳しく解説しますが、じつは、相対性理論は「中学数学」までの知識で理解することができます。もちろん、微分積分の知識だって必要ありません。

　また、前著と同様、本書も物理や数学をまったく知らない社会人の方に行った60分の授業をもとに制作しています。

　きっと、「こんなにわかりやすい相対性理論の解説は見たことがない！」と思ってもらえるような内容になっているはずです。

　本書を通じて、1人でも多くの方の「理系脳」を開花させることができたら幸いです。

ヨビノリたくみ

難しい数式はまったく
わかりませんが、
相対性理論を
教えてください！

もくじ

CONTENTS

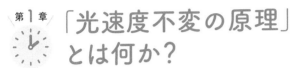

第1章 「光速度不変の原理」とは何か？

第2章 「同時の相対性」とは何か?

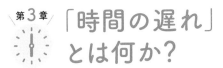

第3章 「時間の遅れ」とは何か?

第4章 「空間の縮み」とは何か?

登場人物紹介

☼ たくみ先生

人気急上昇中の教育系 YouTuber として注目を集める理系講師。大学生や受験生から「たくみ先生の授業はとにかくわかりやすくて面白い！」と好評を博している。

☼ エリ

メーカーの営業職で働く 20 代の女性。自他共に認めるド文系で、学生時代は数学のテストでたびたび 0 点を取るほどの数式オンチ。前作『難しい数式はまったくわかりませんが、微分積分を教えてください！』を通じて、たくみ先生の指導により、少しだけ数学アレルギーが緩和される。

HOME ROOM
1

なぜ、相対性理論を
勉強したほうが
よいのか？

☀ 相対性理論で「理系脳」が手に入る！

 本題に入る前に1つ質問です。エリさんは「相対性理論」について、どのようなイメージを持っていますか？

 名前だけは聞いたことがあります。
……でも、すごく難しい話ですよね？

 相対性理論をざっくり説明すると、**「時間と空間」についての革新的な理論**です。この理論が生まれる前と後では、時間と空間に対する考え方が大きく変わりました。

 時間と空間、なんだか壮大な話ですね……。

 相対性理論には、現在の私たちの感覚に近い、19世紀

の物理学を大きく覆す事実がたくさん登場します。

なので、相対性理論は、日常の感覚でピンとこないものを理解する**「論理的思考力」を鍛える格好の素材**なんです。

 相対性理論を勉強すると、「論理的思考力」のトレーニングができるというわけですか？

 はい。中学や高校までで習う物理学は直感とマッチしていて理解しやすいことが多いのですが、それ以上に勉強を進めていくと、直感では受け入れにくいことがどんどん現れてきます。そうした理論を理解するためには、**「直感に反することを理論で受け入れる」**必要があるんですね。

私たちの日常生活でも、「直感に反するけど理屈では正しい」ことって、よくありますよね？

そうした「理屈を受け入れる訓練」をするために、相対性理論は非常に適した題材なんです。

 私、直感には自信があります！　でも、ちょっと論理派に憧れはあるんですよね……。

HOME ROOM
2
相対性理論は 「中学数学」だけで 理解できる！

※ 相対性理論には、「特殊」と「一般」がある

 では、これを機会に、「論理派女子」になっちゃいましょう！

 といっても、世界をひっくり返すような理論なんて本当に私に理解できるんでしょうか？

 もちろん、大丈夫です！
相対性理論には、**「時間と空間」をテーマとした「特殊相対性理論」**と、**そこに"重力"というキーワードを追加した「一般相対性理論」**があります。そのうちの「特殊」のほうは、中学レベルの数学で、十分に理解できます。その一方で、「一般」のほうは、大学の物理学科に行っても学ばないことがあるくらい、難しい理論です。完全

に理解するには、青春を捨てるくらいの覚悟が必要です（笑）。

えぇーっ!? いくらなんでも、青春を捨てるのは無理です！

それはそうですよね（笑）。
そこで今回は、相対性理論の基本編である「特殊相対性理論」を中心に、**「複雑な計算抜きで、60分でわかる授業」**で、その本質をスッキリと理解してもらおうと思います！

☀️「特殊」は60分で理解できる！

「特殊」のほうなら、私でもたった60分で理解できちゃうんですか!?

はい、**60分で大丈夫です！**
解説の中にはシンプルな計算式がいくつか登場しますが、**数学が苦手な人は飛ばしてもOK**です。

計算を飛ばしてもOK⁉
それなら私でも挑戦できそう……。
でも、相対性理論って、数学というより物理学ですよね？
私、ド文系なんで、**物理なんてほとんど覚えていないで
すよ？**

 それでも大丈夫です！
物理や化学の知識がまったくないエリさんでも理解でき
るように専門用語を限りなく排除して説明します！

☀ 必要な知識は、中学数学だけでOK！

 でも、相対性理論なんて超・高度な物理学の理論を中学
数学だけで理解できるんですか？

 エリさんは疑い深いですね……。
もちろん、いくつか物理の知識が必要になってきますが、
知識まわりについては、その都度、説明しながら進めて
いくので安心してください。

 そのときは、素人質問を何度もしますね！

それで、どんな中学数学が必要になるんですか？

数学については、**三平方の定理**しか使いません。

三平方の定理……（汗）。
三角形のアレですよね……？

そうです（笑）。
おさらいを兼ねて、簡単に説明します！

《三平方の定理》

直角三角形の各辺を「a, b, c（cは斜辺）」とした
とき、aとbの2乗の和は、斜辺cの2乗に等しい。

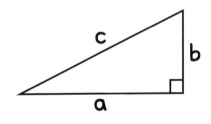

$$c^2 = a^2 + b^2$$

今回は、これだけ覚えておいてもらえれば大丈夫です！

 うーん、これすらも、今の今まで忘れていました……。

 も、もちろんこういった数式も、必要になるたびにちゃんとフォローしますよ！

 本当ですかぁ……？　じゃあ、あとは何か必要な公式はありますか？

 そうですね……。
特殊相対性理論は「時間と空間」がテーマなので、「距離と時間と速さ」の関係も押さえておいてください。

距離 = 速さ × 時間

 あー、まぁ、これなら普段から使う式ではありますよね……。

 たしかに、距離、時間、速さの関係式なら、小学校で習

いますし、日常生活でも使う場面が多いですからね。

基本的には、この2つさえおさえておけば、バッチリです！

わかりました！

ちょっとだけ、ついていけそうな気がしてきました！

よかったです！

これで、60分で特殊相対性理論を理解する準備ができましたね！

特殊相対性理論の
3つのポイント

☀ 特殊相対性理論とは何か？

 それで、特殊相対性理論を勉強すると、どのようなことがわかるようになるんですか？

 ひと言でいうと、**「物事はすべて相対的なもの」** ということですね。
ここはエリさんのモチベーションを上げるために必要なことなので、詳しく説明しましょう。

 お願いします！

 特殊相対性理論は「時間と空間」を扱う理論だと先ほどお話ししましたが、**大きく3つのこと**を説明しています。

ポイント1	時間の遅れ
ポイント2	空間の縮み
ポイント3	エネルギー = 質量

☀ (ポイント①)動いているものは「時間が遅くなる」

もしかしたら一度は聞いたことがあるかもしれませんが、1つ目は「時間の遅れ」です。
相対性理論では、「運動をしているものは、時間が遅れて見える」ということを主張します。

 タイムマシン的なものということですね！

 いわゆるSF映画に出てくるタイムマシンのように、時間を逆戻りしたりするといったものではありませんが、**「動いていると時間が遅れる」**という理論です。

 えっ？　動いているだけで時間が遅れちゃうんですか？

そうです！　直感に反しますよね？

 そうか……。だから、どんなに全力で走っても遅刻するわけなんですね！

 いえ、エリさんが遅刻するのは、たんに寝坊しているからですよ（笑）。

 相対性理論で、遅刻しない方法を教えてください！

 書籍でファボゼロのボケをしないでいいですから（笑）。エリさんがどんなに速く走っても、目に見えるほど**時間が遅くなることはありません。**

 やっぱり……。
じゃあ、どんなに速く動いても「時間が遅くなる」ことはあり得ないってことじゃないですか？

 一般的に考えたらそうですよね。
私たちが住む地球上では、「時間はどこも一定のリズムで刻まれるもの」とされていて、それで矛盾なく生活ができています。そのため、「時間が遅れる」というのは

直感では理解しにくいわけです。

ところが、相対性理論では**「動いているものは、時間がゆっくりと進む」**という現象が確認されており、それによって、**もっと面白いこと**がわかってくるのです。

 うーん、ちょっとピンとこないです……。

 詳しい内容は、あらためてお話しします。次に、特殊相対性理論の2つ目の「直感に反するポイント」を紹介しますね。

☀ (ポイント②)動くものの長さが縮む

 特殊相対性理論では、**「動くものの長さが縮む」**という現象を理解していきます。

 ……はい?? 動くと縮む?

 そうです。これも相対性理論の中の非常に有名な事実で、数々の実験でその正しさが確認されています。

そんなこと、これまで日常生活で実感したことないですよ？

 はい。これもまさに「直感に反すること」の典型例ですね。これも、中学レベルの数学だけで、しっかり理屈で理解できます。

☀️（ポイント③）質量とエネルギーは同じもの

 すでにわけがわからなくなりそうですが、まだほかにもポイントがあるんですか？

 はい。最後はとっておきですが**「エネルギーとは、質量のことである」**という理論です。

 えっ？　エネルギーが重さに関係するんですか？

 はい。これも後ほど詳しく説明するので簡単にまとめると、**「質量はエネルギーに変わり、エネルギーは質量に変わる」**ということです。「質量とエネルギーの等価性」として知られています。

えぇっ？　エネルギーって、目に見えないパワーみたいなやつですよね？　それがモノに変わったりするんですか？

そうです。
これも、数々の実証実験の中ですでに確認された「事実」です。やっぱり、ちょっとピンとこないですよね？

超常現象すぎて、ついていけません……。

これだけ聞くと難しそうですが、順を追って考え方を学んでいくことで、しっかりと理解できるようになります。

こんな難しい理論、本当に中学数学だけで理解できるようになるんですか？
少し不安になってきました……。

実際の論文では、微分・積分や三角関数などの複雑な数学が登場するのですが、**今回はそういった要素を排除して「考え方」を重点的に紹介**します。
それだけでも、十分に特殊相対性理論の世界観を理解できるんですよ。

HOME ROOM
4
相対性理論がわかると、世の中がわかるようになる！

☀ GPSや原発、宇宙の仕組みまでカバー

 「相対性理論を学ぶと論理派女子に近づけそう」というのはわかったんですが、相対性理論を日常的に使う場面ってあるんですか？

 じつは、相対性理論はすでに、日常の様々な場面で使われています。

たとえば、スマートフォンやカーナビで使われているGPSです。相対性理論で現れる「時間の遅れ」を考慮して設計されています。

現在のGPSは、地図上の自分の位置を、リアルタイムで正確に教えてくれますよね。でも、相対性理論がないと、カーナビなどが使えるほどの精度を出すことは難しいでしょう。

えぇぇ！　GPS って、そんなすごい理論が使われているんですね。

 また、先ほど紹介した「質量とエネルギーの等価性」は、核分裂反応などで確認されている現象です。

 核分裂？

 原子力発電所の原子炉では、ウランなどの核燃料を膨大なエネルギーに活用して発電していますが、この原理も、相対性理論が根幹にあります。もちろん、原子爆弾もこの理論がベースになっています。

 「時間と空間」の理論なのに、原子力にまで活用されているんですね……。

 そうですね。相対性理論によって、それまでの世界観が根本から見直され、今では物理学の基礎の1つとされています。
　一般相対性理論のテーマになりますが、2015年9月には、アインシュタインが同理論の中で予言した「重力波」が実際に観測されました。これは2つのブラックホール

が合体した際に発生したものだと考えられ、当時の大ニュースとなりました。

アインシュタインが一般相対性理論を発表したのが1915〜1916年ですから、100年の時を経ているわけですね。

☀「若き天才」の思考をトレースできる

 アインシュタインって、あの舌を出している写真で有名なおじいさんですよね？

 相対性理論は、特殊・一般共にアインシュタインが発表したものですが、第1弾の特殊相対性理論は、1905年（明治38年）に発表されました。じつはこのとき、アインシュタインは弱冠26歳です。

（※25歳のアインシュタイン）
©Getty Images

 26歳って、私とそんなに変わらない年齢ですよ!?

アインシュタインというと、舌を出した老年期の写真を
イメージされる方が多いですが、この写真が撮影された
のは72歳のときです。

（※72歳のアインシュタイン）
©Getty Images

相対性理論は、彼が**科学者としてバリバリに尖っている
26歳のときにつくった理論**なんです。名もなき若き科
学者がつくった理論と考えると、親近感が湧いてきませ
んか？

 たしかに！
でも、26歳の若さで現在の物理学の基礎をつくったな
んて、天才どころの騒ぎじゃないですね……。

 アインシュタインは、12歳の頃にはユークリッド幾何
学の本を読破し、微分積分を独学でマスターしていた
そうです。彼が26歳で相対性理論を発表した背景には、
こうした土台があったわけです。
相対性理論を勉強することで、**若き天才だったアインシ**

ュタインの思考をトレースできる、と言っても過言では
ありません。

 私が12歳のときに読んでいた本といえば、『絶体絶命で
んぢゃらすじーさん』（曽山一寿作、小学館刊）ですよ
（笑）。

 僕も同じです（笑）。

HOME ROOM
5
相対性理論を
理解するときに
一番大切なこと

☀ 理論派人間になれる、たった1つのこと

 ちょっとだけですが、相対性理論を学ぶ覚悟ができてきました！

 では、そろそろ相対性理論の授業を始めましょうか！
前置きの最後になりますが、相対性理論のような「非日常的な理論」をスルッと理解するための、とっておきの方法をお話しします。

 そんな方法、本当にあるんですか？

 方法と言っても簡単なことです。
「まず、仮説を受け入れる」 です。

31

まず、受け入れる……?

 はい、物理学では、まず「仮説」を立て、それを出発点として、検証実験などを行い、「事実である」と確認します。

相対性理論は、**100年前から膨大な実験を経て、現代物理学でも「事実である」と確認された理論**です。

そこで、今回の授業では、まず「実験事実」をお話しします。そして、**「それが事実であるときに、何が起こるのか?」** を考えていきます。

 まず、素直に「仮説」を受け入れるのが大切、ということですね。がんばってみます!

物理学の理論が完成するプロセス

1. まず、仮説を受け入れる

2. それが事実であるとき何が 起こるか考える

3. 検証実験を繰り返す

第1章

「光速度不変の原理」
とは何か?

LESSON
1

いったい、
相対性理論は
何がそんなにスゴイの？

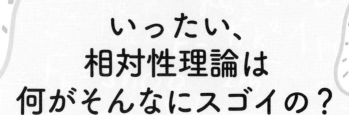

☀ 相対性理論が科学史を変えた

 では相対性理論について、本格的な説明に入りたいと思います！

 たくみ先生、そもそも、なぜ相対性理論はそこまで有名なんですか？

 相対性理論は、当時の**「時間と空間」の概念を覆す革新的な理論**だったからです。

 先ほどのお話にもありましたね。

 19世紀以前は、ニュートンの「ニュートン力学[*1]」によって、物体の運動はほぼ正確に予測できる、と考えられ

てきました。しかし、1864年に電磁気学の「マクスウェル方程式*2」が発表されると、ニュートン力学と互いに矛盾が生じることがわかります。

これを解決したのが、相対性理論だったのです。

ちょっと頭が混乱してきました……。

簡単にまとめますね。

①ニュートン力学は、電磁気現象を含まない運動法則を表すことに成功していた。

②しかし、電磁気学が発達すると、ニュートン力学との間にある矛盾が生じた。

③相対性理論によって、これらの矛盾が解決された。

と押さえておけばOKです！

うーん……、でも、なぜそんなに画期的だったんでしょうか？

その理由は、アインシュタインが**「光」**の速度について、まったく新しい見方を唱えたことがきっかけでした。

---

*1 ニュートン力学：イングランドの物理学者アイザック・ニュートン(1642-1727)らが体系化した、物体の運動についての法則のこと。

*2 マクスウェル方程式：1864年に、ジェームズ・クラーク・マクスウェル(1831-1879)によって数学的にまとめられた、電磁気学の基礎方程式のこと。

LESSON
2
「光」の "大きな謎" に
切り込んだ
アインシュタイン

☀ 相対性理論は「光の速さ」がポイント

 光の速度？　光というのは、私たちの目に見えている光のことですか？

 そうです！　光が、ものすごく速いスピードで進むことはよく知られていますよね。

 インターネットとかも「光回線だから速い！」ってよく聞きますよね。

 聞いたことがあるかもしれませんが、光の速度は**秒速30万キロメートル**＊（30万km/秒）です。

 え!?　30万、キロメートル？　秒速で!?

はい（笑）。1秒間で地球を7周半もできてしまうほどの速度です。ただし、これは真空中における速度です。インターネットなどで利用される光ファイバーなど、光を通す物質の中では、若干遅くなります。

それでも、すごい速さですね！　それで、これをアインシュタインが発見したんですか？

いいえ、そういうわけではありません。アインシュタインが提示したのは、**「真空中の光は、常に一定の速度で進む（光速度不変）」**ということです。

「誰が見た速度か？」を表す、相対速度

光が常に一定の速さで進む？
それって当たり前じゃないですか？

じつは、光が一定の速度で進むというのは、マクスウェル方程式を使って導き出されていました。しかし、互い

＊厳密には、299,792,458m/秒だが、本書では「30万km/秒」としている。

に運動している観測者がいた場合、相対的にどのように観測されるのか、が大きな謎だったのです。

 では、アインシュタインの説は何が新しかったのですか?

 アインシュタインは**「光は、誰から見ても同じ速さで観測される」**と主張したのです。

 誰から見ても、というと?

 止まっている人や、同じ速度でずっと動いている人（等速直線運動をしている人）から見ても、常に30万km/秒で進む、ということです。

 そうなんですね……。でも、それの何が特別なんですか?

 「光速度不変の原理」のどこが特別かというと、**通常の「相対速度」の考えとはまったく異なるところ**です。
相対速度は、日常でもよく経験する現象です。これも単純な計算で割り出せるので、詳しく説明しますね!

LESSON
3

「動くもの同士」の
速度の計算方法

☼ 「相対速度」の求め方

 うーん、いきなり「光の速度は不変」と言われても、ちょっとよくわからないです……。

 では、普通の物体の速度と何が違うのかを説明するために、相対速度についてお話ししましょう！

 先ほど登場した「物理用語」ですね……。

 相対速度を簡単に言うと、**「運動している人が、別の運動をしている人を見たときに感じる速度」** のことです。

 うーん、難しい……。

たとえば、時速100kmの自動車に乗っていたとします。そのとき、時速300kmで走る新幹線が並走していたら、新幹線は実際より速く見えるでしょうか、遅く見えるでしょうか?

 えっと、こちらが100km/時で動いているわけだから……遅く見える?

 そうです。動くもの同士が、それぞれの立場から相手を見たときの速度を「相対速度」といいます。
両者が同じ方向へ動いている場合、それぞれの速度は、次のように表せます。

$$V_B\,(\text{新幹線})、V_A\,(\text{自動車})、とすると$$

$$相対速度 = V_B - V_A$$

つまり、新幹線が300km/時、自動車が100km/時で動いている場合、自動車から見た新幹線は、次の式の通り、200km/時で動いているように見えます。

$$300km/時 - 100km/時 = 200km/時$$

 なるほど。実際より遅く見えるわけですね。

自動車から新幹線を見ると、
300km/時 − 100km/時で、
200km/時 で動いているように見える。

☀️「相対速度」は、「自分」が基準

 逆に、新幹線から自動車を見ると、次のようになります。

100km/時 − 300km/時 = − 200km/時

つまり、「時速200kmの速度で後退している」ように見えるということです。

 後ろに下がっているように見えるんですか？

 実際に、新幹線に乗っていて自動車を追い抜くのを見たことがありませんか？

 あります、あります！

 新幹線に乗っている際、窓から外を見ると、「自分は止まっていて、背景や自動車のほうが動いている」ように見えますよね？　自動車のほうが遅い場合、自動車が後ろに向かって移動しているように見えます。

 なるほど！　だからマイナス方向に200km/時で動いている、ということになるわけですね！

☀ 同じ速度で並ぶときと逆走しているとき

 では、2台の自動車がどちらも100km/時で並走していた場合、お互いに相手の自動車はどのように見えるでしょう?

 えーっと、止まって見えるはずですよね?
想像してみただけですけど!

 正解です! 式で表すと、次のようになります。

100km/時 − 100km/時 = 0km/時

つまり、時速0km、文字通り「止まっている」ように見えるわけです。

 じゃあ逆に、100km/時ですれ違うときは、どうなりますか?

逆向きに動くときには、マイナスの速度をそのまま使えば大丈夫です。

相手が-100km/時で近づいてくるので、

- 100km/時 - 100km/時 =
- 200km/時

つまり、相手が200km/時の速さで逆向きに走っているように見えるわけです。

LESSON

4

「慣性系」とは何か？

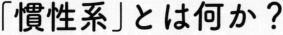

※「光の相対速度」は、常に一定

 それで、この相対速度は、相対性理論とどんな関係があるんですか？
……そういえば、どちらも「相対」つながりですね（笑）。

 エリさん、とても大切なことに気づきましたね。相対性理論は、この**「光の相対速度」**に着眼して生まれたと言っても過言ではないんです。

 というと？

 ゆっくりと説明しますね。まず、静止していたり、向きを変えずに一定の速度で動いている(等速直線運動をしている）モノに乗っている人を**「慣性系」にいる**と表現

45

します(※より正確な用語を用いれば、そのような座標系のこと)。

たとえば、一定速度を保った電車の床にボールを置いても、そのボールは動き出しません。

また、摩擦が無視できる場合、その床で転がしたボールは転がしたときの速度を保ち続けます。

このように、力が加えられていない物体が静止または等速直線運動を続ける、という法則を**「慣性の法則」**といいます。この慣性の法則が成り立つ場所が、慣性系なのです。

加速している電車の上では慣性の法則が成り立たないってことですか?

はい。たとえば、電車が動きはじめたとき、床に置いたボールは進行方向とは逆に動き出しますからね。

そのような場合は「非慣性系」といいます。本書で扱うのは「慣性系」のみです。

●慣性系

●非慣性系

LESSON
5
光は「どの慣性系」からも同じ速度で見える

☀ 光の速度は、誰から見ても同じ

 その「慣性系」は、光と何の関係があるんですか?

 光の速度は、電磁気学のマクスウェル方程式によって導き出されました。ところが、その速度が「誰から見た速度なのか」よくわからなかったのです。

しかしアインシュタインは、**「光はどの慣性系から見ても30万km/秒で進む」** と主張し、相対性理論を展開しました。

 うーん、やっぱり専門用語が入ると難しいです!

 簡単に言えば、アインシュタインは、**「違う速度で動くモノから見ても、光速度は常に同じ」** と主張したのです。

違う速度で動くモノというと……さっきの例だと、新幹線や自動車ということですか？

 その通りです。「新幹線から見ても、自動車から見ても、光の速度は常に同じに見える」というわけです。

 え？　つまり、さっき勉強した**「相対速度」の公式は、まったく意味ない**っていうことですか？

 簡単に言えばその通りです！
先ほど、光の速度は30万km/秒だとお話ししました。
エリさんは、この30万km/秒を、新幹線や自動車でいう速度と同じように、「静止状態で見た場合の速度」だと考えたと思います。

 普通、速度といったらそうですよね……。

 しかし、**静止していても、動いていても30万km/秒に見える**、ということなのです。

⚙ どんな速度で発射しても光の速度は同じ

 また、光は勢いをつけて発しても、速くなることはない
んです。

 えっ!?　どういうことですか!?

 たとえば、100km/時で走る自動車から、100km/時で
ボールを投げるとします。
このとき、静止している人から見ると、ボールは
100km/時と100km/時を足して、200km/時で飛んで
いくように見えます。

 先ほどの相対速度と同じ考え方ですね!

 そうです。
では、10万km/秒で移動するロケットから光を発射し
たら、速度はどうなるでしょうか?

 30万km/秒と10万km/秒だから……40万km/秒!

残念！　そうはならないんです！

 えーっ、なんでですか!?

 光は、「どの慣性系から見ても、30万km/秒で進んでいるように見える」と紹介しました。

しかし、光は常に一定速度で進むため、進行方向が同じ場合でも、発射元の速度にかかわらず、常に30万km/秒で移動するのです。

これが、特殊相対性理論の前提となる「光速度不変の原理」の概要です。

 「どんなスピードで見ていても、光の速さは同じに見える」というのは、ちょっとイメージしづらいですね……。

 そうですよね。私たちにとって身近な運動に対する直感とは大きくズレているので、ピンとこない方が多いと思います。

 これが、先生が言っていた「日常の感覚にはない事実」ということですね。

☀ 「光の速度」が「特殊」である理由

 ちなみに、光より速いものはありますか?

 今のところ、見つかっていません。また、光の速度がこの世界における最大速度だと考えられています。

 ということは、光が一番速い、ということですか?

 そうなりますね。正確には**「30万km/秒がこの世の速度の上限」**であり、**光はその速度で移動できる**ということです。

 速度って、上限があるんですか?

 少し専門的になりますが、物理学でいう**「質量」とは「モノの動かしにくさ」**のことを指します。
「光」は質量が「ゼロ」なので、このような特殊なことが起きているわけです。**「質量がゼロではない物体」**は、**光速に近づきはしても、決して光速にはなれない**とされています。

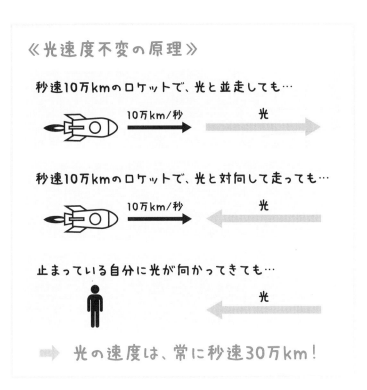

《光速度不変の原理》

秒速10万kmのロケットで、光と並走しても…

10万km/秒　　　　　　光

秒速10万kmのロケットで、光と対向して走っても…

10万km/秒　　　　　　光

止まっている自分に光が向かってきても…

光

➡ 光の速度は、常に秒速30万km！

🕐 まずは、この事実を受け入れる

光速度が最大って、「**30万km/秒を超えるスピードがない**」という意味だったんですね。

53

そうです。この30万km/秒というのは、**速度の最大値**なわけです*。

 すれ違っても30万km/秒を超えないというのは、うーん……。これは感覚的に納得するのは難しいですねぇ。

 今のところ、基本的にこの原理が覆るような実験は存在しません。

まずはこれが「正しい」と受け入れてもらって、その結果として生じる、さらに衝撃の事実について話をしたいと思います。

---

*最初から光速度を超えているような物体の存在については、相対性理論は禁止していない、という話もある。

LESSON
6

光の速度で動いたら
「自撮り」はできない？

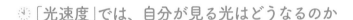

※「光速度」では、自分が見る光はどうなるのか

 たとえば、私が光の速度で動いていたとして、スマホで自撮りってできるんでしょうか？

 エリさん、面白い質問ですね！
じつはアインシュタインも、16歳のときに「光速度で動く自分の顔を、鏡で見ることは可能か？」という疑問を持ちました。これが、後に相対性理論をまとめるきっかけになったのです。

 アインシュタインの時代に、スマホは存在しませんからね（笑）。

 相対性理論が今の時代に発表されたら、「自撮り」とい

う表現になっていたかもしれませんね。

話を戻すと、この場合には2つの要素が絡んでいます。

1. 光は誰から見ても30万km/秒
2. 光は、どの速度から発射されても30万km/秒で一定

光は加速しないので、一見すると、**30万km/秒で動く自分自身が発した光も、やはり30万km/秒で動くことになりそう**です。

これが正しい場合、永遠に自分の顔は鏡に映らないはずです。

 えへっ？　いい質問だった？

 ここでのポイントは、光が**「誰から見ても30万km/秒である」**という点です。

 うーん……、どういうことですか？

光は**誰にとっても**同じ速度で観測されます。したがって、**光速度で移動するエリさんが鏡に向かって発した光も、エリさんには30万km/秒で進むように見える**のです。

 つまり……**私がどのような速度で進んでいても「私が発した光は30万km/秒で直進しているように見える」**わけですね？

 その通りです！

ただ実際には、エリさんに質量があるので、光速度に達するのは不可能といわれています。

より正確に表現すると、「限りなく光速に近い速度でエリさんが動いても、光は光速度で動いているように見える」となります。

LESSON
7
特殊相対性理論における指導原理

☀️「光速度不変の原理」のポイント

 光速度不変の原理については以上なのですが、じつは相対性理論の基礎となる原理はもう1つあります。それが、**特殊相対性原理**です。

 また難しそうなのが出てきましたね……。

 大丈夫ですよ。

これは簡単に言えば、**「どの慣性系でも物理法則は変わらない」** ということです。

たとえば、外がまったく見えず、振動もない状態で電車の中に閉じ込められたとき、「そこが動いている電車内である」と感じることはできるでしょうか?

ボールを上に投げてみてもしっかりと手元に戻ってくる

し、自身が動いてみても、外で止まっているときと何も
変わらないはずです。

 たしかにそうですね。

 つまり、「動いていても、止まっていても、物理をする
上では関係ない」と言うことができます。
これで相対性理論を展開していく準備ができたので、指
導原理をまとめておきますね。

特殊相対性理論における前提

1. 光は、どの慣性系でも30万 km/秒に見える
【光速度不変の原理】

2. どの慣性系でも物理法則は変 わらない
【特殊相対性原理】

第2章

「同時の相対性」
とは何か?

じつは、「時間」と「距離」は「絶対的」なものではない!?

☼「速さ」は、時間と距離で決まっていた

 光の速度が誰から見ても一定って、直感的にはとても不思議なことなんですね。

 その通りです。そして、「どの慣性系から見ても光の速度は変わらない」という仮説から、今度は「動くモノの時間と距離が変動する」という、非常に不思議な現象が予見されるのです。

 なんで、光の速度の話なのに、急に「時間」と「距離」が出てくるんですか?

 「速度」は、次の計算式で導き出せますよね。

"速度 = 距離 ÷ 時間"

 これは、車を運転するときなど、日常生活でもよく使いますよね。

🕐「光の速さ」が基準になると、 「時間と空間」が変わる

 この計算式をよく見てみてください。「速度」を求めるためには、「距離」と「時間」の値を入れる必要があります。

 それはそうですよね。
移動する「距離」と、移動にかかった「時間」がわからないと、「速度」はわかりませんよ。

 そうです。
「速度」とは、「距離」と「時間」によって、"二次的"に決まるものだったんです。

二次的に決まる……？

 つまり、「距離」や「時間」は絶対的であって、これらを測ることで「速度」が決まる、という考え方です。

 ……そういう言い方をするということは、これがひっくり返るわけですか？

 アインシュタインの「光速度不変の原理」では、距離や時間ではなく、光速度が固定されます。

つまり、光の速さの場合、まず**30万km/秒という固定された値があり、それに応じて距離（空間）や時間が変わる**、という考え方です。

 空間と時間が、変わる……？　すみません、何のことだかさっぱり……あわわわわ。

 エリさん、**順を追って説明するので落ち着いてください（笑）**。

まず、この現象をわかりやすくするために、図解してみましょう。

LESSON
2

どうして、「時間」が
ズレてしまうのか？

※「電車内で前後に発せられた光はどう見える？」
問題

 等速直線運動をする電車があったとします。その電車の
真ん中に、光源（光を発するもの）を設置し、前後に光
を検出する機器（検出器）を置きます。

 真ん中から光を出して、前後の検出器が光を検知する、
ということですね？

 その通りです！　電車内の光源のすぐ後ろに、観測者と
してA君が立っています。

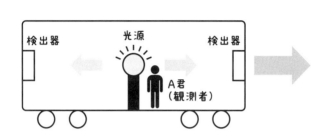

 そして、電車の外で立っているB君に、この電車を外から眺めてもらうことにします。

光源から光がパッと出ると、前後の両端に進み、各検出器に向かいます。

では、このとき、光は検出器に対してどのように到達するでしょうか?

 えーっと……。

 まず、電車内にいるA君の気持ちになって考えてみましょう。

A君は等速直線運動をしているので慣性系にいます。
すると、特殊相対性原理によって、電車内では静止している場合と同様の現象が起こるはずです。

つまり、深いことは考えず、光源から前後にある検出器までの距離は同じなので、光は同時に到達するということでいいんですか？

その通りです。
しかし、電車の外から観測すると、少し事情が変わってきます。
光速度不変の原理により、両端に向かった光は、B君から見ても、どちらも30万km／秒で進んでいきます。

はい。その考え方は少し慣れてきました！
ということは、B君から見ても光は同時に到達するんですね!?

それが、違うんです。
電車は前方に向かって動いているので、後方の検出器は光に近づくように、前方の検出器は光から逃げるように進みます。

するとどうでしょう?

 後ろの検出器に先に到達することになりますね……。

 その通りです!

☀ 「同時」は絶対的なものではない

 それって、つまり**「A君にとっては同時で、B君にとっては同時じゃない」**ってことですか?

 そうです!
面白くなってきましたね!

電車内のＡ君から見ると、光は前後の検出器に「同時」に到達する

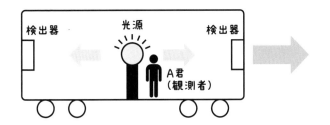

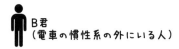

電車の外にいるＢ君から見ると、光は前後の検出器に「バラバラ」に到達する

Ａ君とＢ君で、「同時」が共有できない！！

整理すると、次のようになります。

★ 電車内のA君から見ると、光は
　「前後同時」に到達する

★ 電車外のB君から見ると、光は
　「前後バラバラのタイミング」で
　到達する

 えっ!?
えーっと、これってどういうことですか?

 何が起きているかというと、A君とB君で、**互いに「同時」が共有できていない状態**になっているということです。

 同じものを見ているはずなのに、結果としてタイミングがズレてしまうわけですね……。理屈はそうなんでしょうけど……。

この現象を、相対性理論では**「同時性の不一致」**とか**「同時性の破れ」**などと呼びます。

しかし、混乱を避けるために、私の授業では「同時の相対性」と呼ぶことにします。個人的に、これが一番しっくりくると思うので。

つまり「同時」という概念も、別の慣性系から見ると、変わってきてしまうんですね。

 わあ……。不思議すぎます……。

 これはすべて、**「光速度不変の原理」**と**「相対性原理」の2つが同時に成り立つために起こる帰結**です。

これが、特殊相対性理論を理解する大きなポイントになります。

LESSON
3

「同時に起きている」
のに「同時ではない」

☼ 慣性系の外だと「同時」も変わる

さっきの例だと、A君側の光が検出器に到達したとき、
B君側だとまだ検出器に到達していない、ということに
なりますよね?
これは、A君側で検出器に到着した**光を、B君側が「見る」**
タイミングに差が出る、ということでしょうか?

いいえ。ここでは「A君側の光がB君側に届く時間」を
考慮していません。A君側とB君側の現象を瞬時に確認
できたとしても、「同時」に起きるべき現象が「一致し
ない」のです。

じゃあもう、**完全に事実として「同時」がズレてしまう**
わけなんですね?

そうです！

「同時に起きた」現象が、別の人から見たら「同時じゃなかった」というのは、日常の感覚ではなかなか理解できないですよね。

しかし、光速度不変の原理が成立し、相対性原理もまた成立する場合、**結果としてこのような現象が起こり得る**わけです。

うまく言葉に表せませんが、あまりに日常の感覚とズレてしまっていますね。

私たちが普段、絶対的だと信じてやまないものの1つとして、「同時」という概念があります。

しかし、「同時」っていうのは、誰が見ても同じタイミングで起きたと思われているかもしれませんが、同時性の不一致といって、**同時ですら共有できない**ということが起こり得るんです。

だから、「自分にとっての同時」は、「誰かにとっての同時」じゃないかもしれないんですね。

「光速度を固定」したから、このようなことが起きてしまうわけですか？

そうなります。速度の式の場合、速度は「距離」と「時間」で求めることができました。

しかし、**「光速度を固定」すると、変わらなくてはいけないのは「距離」と「時間」のほう**という理論が、今回の結果によって受け入れやすくなります。

☼「絶対時間」は存在しない？

たしかに、「光速度がどの慣性系から見ても不変」だとすると、「同時」の不一致が発生しちゃうんですね……。

相対性理論以前は、宇宙の中に「絶対時間」のようなものがあり、すべてのものは同じ時間を共有すると考えられてきました。

しかし、光速度不変の原理が成立する以上、**「同時ですら、絶対的ではなく相対的である」**という、驚くべき事実が浮かび上がってきたのです。

LESSON
4

つまり、
「同時の相対性」って、
どういうこと？

☀ 「同時が共有できない」を感覚的に理解する

 先生のいう通り、「同時の相対性」が、理屈ではなんとなく理解できました。でも、やっぱり感覚的にわかるようになるには、時間がかかりそうです……。

 たしかに、「同時が共有できない」というのは、感覚的にはさっぱりわからない話ですよね。
ちょっと例え話をしてみましょう！

 例え話ですか？

 そうです！「同時が共有できない」というのが難しくても、「同位置が共有できない」というのは、直感としてよく知っていますよね？

同位置が共有できない？

そんなことって日常的にありましたっけ？

たとえば、私が電車に乗っていて、エリさんがそれを外から見ているとします。

A君とB君のようなイメージですね？

そこで私が「連続して手を叩く」と、どういうことが起きるでしょうか？

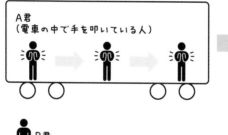

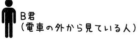

前方に進む電車の車内で手を叩いているA君にとっては同じ場所で手を叩いているだけだが、電車の外にいるB君には、A君が手を叩いている場所はズレて見える。

走っている電車の中で、ポンポンとやるわけですね？

 移動する電車の中で、たとえば3回ほど手を叩いたとします。電車は前に進んでいるので、その分、私が手を叩いた場所はズレていきますよね？

 たしかにそうですね。

 でも、電車内にいる私にとっては、同じ場所で叩いているだけなんです。

 そうですね。「同位置が共有できない」ということはわかります。

 これなら、実感できますよね？
このようなことが時間についても起こる、というのが、特殊相対性理論のポイントなのです。

☼ 相対性理論は「時空の物理」

 時間とか空間について、私たちは普段、区別して考えて
しまいがちです。

しかし、時間や空間の概念を、グチャッと1つにまとめ
てしまうのが、相対性理論だと言えます。

 私の頭の中でも、固定観念が崩れていくのを感じます！

 これが、相対性理論がいわゆる「時空の物理」といわれ
る理由です。これまで別々に扱われていた「時間と空間」
を、対等に扱っているわけですね。

 でも、「同時がズレる」ということは、それが何回も続
くとなると……。

 エリさん、勘が鋭くなってきましたね。次は、相対性理
論で一番有名な「時間の遅れ」の話をしたいと思います！

「同時の相対性」の
まとめ

1. どの慣性系から見ても、光の速度は同じ

2. 異なる慣性系同士では、「同時」に感じるタイミングが一致しないことがある

3. 「同時」は慣性系によって異なる相対的なものである
【同時の相対性】

第3章

「時間の遅れ」
とは何か?

LESSON
1
私たちは、それぞれ別の「時間軸」を持っている？

☀「同時の相対性」を発展させる

 それにしても、「光速度が不変」というだけで、「時間と空間」まで変わってしまうなんて、驚きです……。

 たしかに、普通は驚きますよね。
そもそも「速さ」というのは、次のように表すことができましたね。

$$“速さ＝距離÷時間”$$

 はい！　これは覚えています（笑）。

つまり、これまで、**「速度」とは、「距離」と「時間」によって二次的に決まるもの**だったわけです。

 第2章でも話にあがりましたね！

 距離や時間は経験的に地球上でみんなが共有できていたものだったので、「距離は絶対的に決まっていて、時間も同じものを共有している」と思っていたわけです。

 そうですね。これが共有できていたから、世の中がうまく動いていたわけで……。

 そうです。アインシュタイン以前は、みんな、この世界、この地球、この宇宙全体の時間が、同じテンポで進むと思っていました。

 でも相対性理論で、「『同時』は必ずしも一致しない（ズレる）」ことがわかっちゃったわけなんですね……。

 エリさん、勘がよくなってきましたね。では、「同時のズレ」が連続で起きると、どうなっていくでしょうか？ここからは、特殊相対性理論で最も有名な「時間の遅れ」

の話をしたいと思います。

☼ 三平方の定理で「時間の遅れ」を算出する

 今回も、難しい数式なしで説明してもらえるんですか？

 もちろんです！
ここでは、せっかくなので中学数学にある「三平方の定理」も使いましょう。

 三平方の定理は、ホームルームでも出てきましたね……。

 おさらいをすると、直角三角形の斜辺を c 、そのほかの2辺を a 、b とすると、下記の公式が成り立ちます。

$$c^2 = a^2 + b^2$$

 そうそう！　こんな感じでした！

※ 電車の例で、「時間の遅れ」を考える

 今回も少し変わった電車を使って考えます。

 また電車ですか！（笑）。

 等速直線運動を考えるときに、電車がわかりやすいんですよね（笑）。

 今回は、どんな電車ですか？

 今回は、天井が非常に高い電車を使って、特殊相対性理論の「時間の遅れ」について考えてみます。

 天井がものすごく高い電車、ですか？

 次ページの図を見てみてください。
今回も「同時の相対性」と同様に、光の速度を利用して考えるので、また光源を用意します。

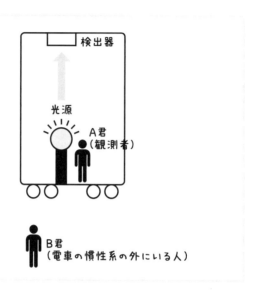

 前回と違って上に大きい電車なんですね。

 そうです。そして、その光源のすぐ後ろで、A君が見ています。

 本当に、同じような実験ですね……（笑）。

 そして、やはりA君は等速に移動していますので、静止している場合と同じことしか起きないはずです。

今回は、上に飛んでいく光を考えるわけですね？

 その通りです。
上に向かっていった光は天井についている検出器によって捉えられます。

 これは普通に、光速度で天井に到達するわけですよね？

 そうです。A君は静止しているものと思っていますので、通常の光速度で上に到達したように見えます。
このとき、天井までにかかった時間を、A君にとっての時間なので T_A とします。

 T_A 秒かかった、ということですね？

 そのような感じで、T_A には、1秒、2秒といった、何かしら具体的な数字が入ると思ってください。
ここで、光の速度も文字で書いておきます。

 えっ!?　でも光の速度は30万km/秒ですよね？

 エリさんの言う通りです。

ただ、光の速さは誰が見ても30万km/秒なので、計算の見た目を簡単にするために「c」としておきましょう。c は、電磁気学で有名な「ウェーバー定数（Weber's Constant）」の c や、ラテン語の「celeritas（速さ）」の c が由来といわれています。

つまり、c＝30万km/秒ってことですね？

そうです。ここで、光源から天井までの距離について考えてみましょう。

☀️「時間の遅れ」を計算してみよう！

距離を求めるときは、「速さ×時間」の式を使うので、光源から天井までの距離は、

$$\text{光源から天井までの距離} = c(\text{光速度}) \times T_A(\text{時間})$$

と表せるので、cT_A が光源から天井までの距離というこ

とになります。

少し難しそうに見えるけど、要するに、速度に時間を掛けているだけなんですよね？

記号を使っているので難しく見えるかもしれませんが、やっていることは「速さ×時間」です。

よかった、それならついていけます（笑）。

そこで、先ほどのように、この電車を外からB君が見ています。

またこのシチュエーションですか!

 次は、右ページの図のような形です。

 今回も、電車が動くわけですね?

 今回も電車は等速で動くわけですが、この電車の速度を、光の速度と混同しないようにVとします。
ちなみに、これは速度を表す英語のvelocityの頭文字です。

 ここには、30万km/秒よりも遅い速度の数値が入るわけですね?

 はい。実際には、30万km/秒よりも遅いものの、それなりの速さで動いていると考えるとわかりやすいです。

 それで、電車が動くとどうなるんですか?

 B君から見て、電車内の光は、位置ゼロの点から上昇を開始します。
その間、電車は高速で右側に移動していますので、電車内全体が動いていることになります。

B君から見ても、電車内の光は光源の位置から検出器に向かって昇っていくのですが、それと同時に電車も右側に移動するので、検出器に向かう光は斜めに動くように見えるはずです。

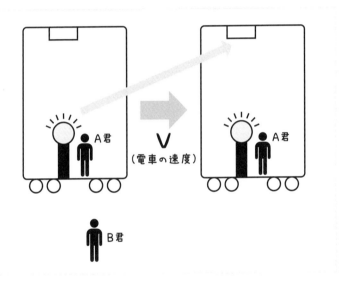

 そうなりますね。

 そこで考えたいのは、「このとき、光が移動した距離は？」という点です。
ここで、光速度不変の定理と、三平方の定理を活用してこの答えを考えていきます。

光速度不変の原理というと、30万km/秒の速度が出て
くるわけですね？

 ここでも、式をシンプルにするために導入した「 c
（ =30万km/秒)」を使いましょう。

光の速さは、A君、B君に限らず、どの慣性系にいる人
にとっても、c です。

つまり、移動している慣性系でも、止まっている慣性系
でも関係なく、c は一定の速度です。

 光速度不変の原理ですからね。

 そして、B君にとって光源の光が天井の検出器に届くま
での時間を T_B とします。

そうすると、移動距離は、「速さ×時間」で計算できるため、

B君から見た光の移動距離 =
c（光速度）× T_B（時間）

となり、B君から見た光の移動距離は cT_B と表せること
がわかります。

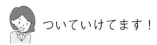
ついていけてます!

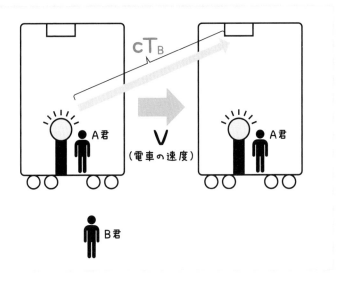

次に、光源が横向きに動いた距離を求めてみましょう。この電車は速度Vで横向きに動いているので、それに乗っている光源も同じ速度で進みます。

そうですね。

では、B君から見て、光が検出器に届くまでに動いた距離はいくつでしょうか?

第3章 「時間の遅れ」とは何か?

93

えーっと、「距離＝速さ×時間」だから、

光源が横に移動した距離　＝
V（電車の速さ）T$_B$（移動時間）

ですか？

 その通りです！
つまり、その距離は VT$_B$ と書くことができます。
この状況を右ページのように図にしてみましょう。

 直角三角形のようなものが現れました！

 そうです。
斜辺が cT$_B$ 、他の2辺が VT$_B$ 、cT$_A$ の直角三角形になっています。

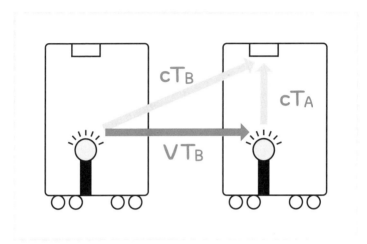

 数学が出てくる予感がします！

 では、三平方の定理を使って、「時間の遅れ」を導いて みましょう！

☼「三平方の定理」で、「時間の遅れ」を導出する

 それで、三平方の定理をどのように使うんですか？

 繰り返しになりますが、三平方の定理は、斜辺を c 、残りの2辺を a 、b としたとき、下記の関係式も満たすというものです。

$$c^2 = a^2 + b^2$$

 電車の移動距離が a 、A君から見た光の移動距離が b 、B君から見た光の移動距離が c となるわけですね？

 エリさん、お見事です！
それでは、今回の式をまとめましょう！

 先生、パパッとやっちゃってください！

 いえいえ、順を追ってじっくりやりますね（笑）。

まず、三辺の値を整理します。

a : 電車の移動距離（VT_B）
b : 光源から天井までの距離（cT_A）
c : 電車外のB君から見た光の移動距離（cT_B）

$$a : 電車の移動距離（VT_B）$$

エリさん、これを三平方の定理にあてはめてみてください。

えぇっ！　私がですか？
ええと、三平方の定理の「 $c^2 = a^2 + b^2$ 」に、上の値を当てはめていけばいいわけだから……。

$$(cT_B)^2 = (VT_B)^2 + (cT_A)^2$$

エリさん、頑張りましたね！　では、ここからは私が解

説していきます。

まず、c^2 が掛けられている部分がたくさんあるので、これらを取り払うために、両辺を c^2 で割ります。

$$c^2 T_B{}^2 \div c^2 = \{(VT_B)^2 + (cT_A)^2\} \div c^2$$

上の式をさらに整理すると、下記のようになりますね。

$$T_B{}^2 = \left(\frac{V}{c}\right)^2 T_B{}^2 + T_A{}^2$$

ここでいったん、「$T_B = \sim$」ではなく、「$T_A = \sim$」の形の式にしてみたいので、上の式から「$(\frac{V}{c})^2 T_B{}^2$」の部分を、$(T_B)^2$ 側へ移項します。

すると、次のようになります。

$$T_A{}^2 = (T_B)^2 - \left(\frac{v}{c}\right)^2 T_B{}^2$$

ここで、右辺の部分は、実際には「$1(T_B)^2 - \left(\frac{v}{c}\right)^2 T_B{}^2$」と
なっているので、$T_B{}^2$ でまとめることができます。

$$T_A{}^2 = \left\{ 1 - \left(\frac{v}{c}\right)^2 \right\} T_B{}^2$$

エリさん、ここまでは大丈夫でしょうか？

 えーっと、まぁ……、なんとなく……（涙）。

 次に、「$T_A =$～」の形にするために、両辺の平方根（ルート）を考えましょう。

 ……平方根って、なんでしたっけ（汗）？

 二乗するとその数になるものです。たとえば、4の平方根は±2になります。今回は、負になるような文字を扱

っていないので、そのうちのプラス、つまり正の平方根
だけを考えましょう。

 思い出してきました！

 続けますね！先ほどの式の平方根をとりましょう。それにはルート（√）の記号を使います。

$$T_A = \sqrt{1 - \left(\frac{V}{c}\right)^2} \ T_B$$

平方根をとったので、$T_A{}^2$ や $T_B{}^2$ は T_A や T_B に、そして二乗の形で書かれていない部分にはルート(√)がかかりました。

 ええと、ちょっとわからなくなってきました！

 ルート（√）の記号は「その数の正の平方根を考えなさい」という意味です。つまり、$\sqrt{4}=2$ などというようになります。

思い出してきました！

 それでは、ここまでの計算をまとめてみますね！

$$(cT_B)^2 = (VT_B)^2 + (cT_A)^2$$

$$cT_B{}^2 \div c^2 = \{(VT_B)^2 + (cT_A)^2\} \div c^2$$

$$T_B{}^2 = \left(\frac{V}{c}\right)^2 T_B{}^2 + T_A{}^2$$

$$T_A{}^2 = (T_B)^2 - \left(\frac{V}{c}\right)^2 T_B{}^2$$

$$T_A{}^2 = \left\{1 - \left(\frac{V}{c}\right)^2\right\} T_B{}^2$$

$$T_A = \sqrt{1 - \left(\frac{V}{c}\right)^2}\; T_B$$

 先生、これ、けっこう難しいですよ……？

 やっていること自体は、中学校で習う数学を応用したものです。時間のあるときにでもじっくり見てみてください。

わかりました！　でも、とりあえず、三平方の定理を使うと、

$$T_A = \sqrt{1 - \left(\frac{v}{c}\right)^2}\, T_B$$

が導き出せる、ということなんですね？

そうです！途中の計算が難しいと思ったら、**「この結論になるんだ」ということだけ押さえておけば大丈夫です。**

それで、つまりこの式ってなんなんですか？

ここの大きなポイントとして、特に注目していただきたい箇所があります。

どこも難しいんですけど……。

1つだけ、すごく簡単に気づくことができるポイントがあります。よく見てください。この $\sqrt{1 - \left(\frac{v}{c}\right)^2}$ は、**1**

から、「$(\frac{v}{c})^2$」を引いた数のルートなので、「1より小さい」ことがわかります。

 たしかに、1から何かを引いた数で、さらに2乗して「$1-(\frac{v}{c})^2$」になる数なわけなので、1より小さいといえば小さい……んですかね？

 たとえば、この $\sqrt{1-(\frac{v}{c})^2}$ の値が0.5だとします。すると、次のようになりますね。

$$T_A = 0.5T_B$$

 こんな感じにしてくれるとわかりやすいです！

 ここで問題ですが、T_A は T_B より大きいですか？ それとも、小さいですか？

 ええと……、T_B の値が2だとすると、

$$T_A = 0.5 \times 2$$
$$T_A = 1$$

となりますよね？　そうなると、T_A はT_B より小さいことになるんでしょうか？

 その通りです！　今回の場合、常に

$$T_A < T_B$$

となるので、「T_A は常にT_B より小さくなる」といえます。
これが、本章の大きなテーマである「時間の遅れ」です。

 え？　え？　これが「時間の遅れ」なんですか？

 説明が長くなってしまったので、もう一度、先ほどの電車の図を見てみてください。
今回の例では、電車内のA君から見た光の移動時間が T_A

でした。

その一方で、電車外のB君から見た光の移動時間は、T_Bです。

つまり「$T_A < T_B$ (T_A は T_B より小さい)」ということは、**「B君から見た光の移動時間のほうが、A君から見た光の移動時間より大きい」**ということができます。

なんとなく、第2章の「同時のズレ」に似ている感じですね！

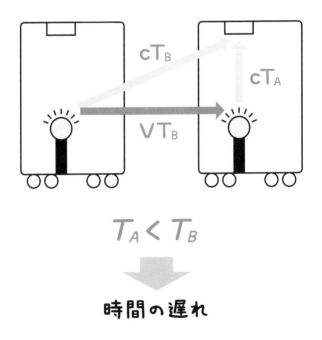

A君のほうでは、光は T_A 秒で天井の検出器に到達しますが、B君のほうでは「 T_A 秒より長い時間」で検出器に到達しているわけです。

実際に時間が遅れる場合は、どんなとき？

うーん、もうちょっと具体的に説明をお願いします……。

では、具体例として、電車の速度Vが、0.8c の場合を考えます。

$$V = 0.8c$$

これは何かと言うと、電車が光速の80%の速度で進んでいる、ということです。

かなり速い電車、というイメージですね。

このとき、どのくらい時間が遅れるのかを計算してみましょう。

 先ほどの式に当てはめていくわけですね？

 まず、「V = 0.8c」なので、次のようになります。

$$V = 0.8c$$

$$\frac{V}{c} = 0.8$$

ここで、先ほどの「時間の遅れ」を表す式に、この値を入力します。

$$T_A = \sqrt{1-\left(\frac{V}{c}\right)^2}\ T_B$$

$$T_A = \sqrt{1-(0.8)^2}\ T_B$$

$$T_A = \sqrt{1-0.64}\ T_B$$

$$T_A = \sqrt{0.36}\ T_B$$

ここで、$\sqrt{0.36}=0.6$なので、

$$T_A = 0.6T_B$$

となります。

 これはつまり、どういうことですか？

 これが何を意味しているかと言うと、**B君にとっての**

**1秒（T_B=1）が、A君では0.6秒（T_A=0.6）となると
いうことです。
つまり、B君から見て、A君の時間はゆっくりと進んで
いるように見えることになります。**

 0.6秒？

 秒だと少しわかりにくいかもしれませんね。
1秒が0.6秒だということはつまり、B君の時計で60分
経っているとき、A君の時計では36分しか経っていない
ように見えることになるのです。

 そんなに違ってくるんですか……。

 あくまで電車が光速の80％の速度で移動していて、そ
のときに1時間が経過した場合の例ですが（笑）。
これが、特殊相対性理論における**「時間の遅れ」**です。

LESSON
2

つまり、「時間の遅れ」 って、どういうこと？

☀ なぜ「時間の遅れ」に実感が持てないのか

 たしかに、三平方の定理を使うと、時間のズレが起きて もおかしくないんだな、ということはわかりました。 でも、これって単なる机上の空論ではないんですか？

 「時間の遅れ」が、日常生活と少し離れて感じるのには、 ちゃんとした理由があります。

 なぜなんでしょうか？

 先ほどの電車のような「 V = 0.8c（光速の80％）」の 速度のものを、普段目にすることはまったくと言ってい いほどないからです。 もちろん、ミクロな視点で考えたらじつはいろいろある

んですけど、私たちが日常生活をする上ではほぼありません。

 たしかに、**私が全力で走っても0.5cくらい**ですもんね。

 そうですね。

 ボケたんですから、ちゃんと突っ込んでくださいよ……（泣）。

 超高速で走ることができるエリさんは置いておいて、音速で飛ぶジェット機だったとしても、「340m/秒」です。

 光速は30万km/秒ですから、ケタが違いすぎますよね。

 このように、私たちの日常のスケールのVは、高速道路を走る自動車でも、

$$V = 0.0000001c$$

くらいのものです。

 これじゃあ、ほとんど0ですね。

 そう、ほとんどゼロに等しい。つまり、

$$T_A = \sqrt{1 - 0.0000001^2}\ T_B$$
$$\fallingdotseq \sqrt{1}\ T_B$$
$$\fallingdotseq T_B$$

となるので、ほぼ同一になってしまうわけです。
つまり、日常のスケールではほとんど時間の差を感じる
ことはないわけです。

 なるほど！
光速に近い速さで走れないと、遅刻を回避するのは難し
いわけなんですね……。

 エリさん、家を早めに出ればいいだけですよ（笑）。

ともかく、これが「時間の遅れ」といわれる現象です。
感覚的に理解することは難しいかもしれませんが、「光
速度不変の原理」と「特殊相対性原理」を受け入れるこ
とで、これだけ不思議な現象を理解することができるの
です。

⏰ 動いている人と静止する人とで 歳のとり方が違う？

動いているものの時間の進み方が遅くなるとすれば、光
速に近い速度の宇宙船に乗って、地球に帰ってきたら、
周りの人は自分よりも多く歳をとっている、ということ
が起きたりするんでしょうか？

そうなります。
実際にそれは相対性理論の言葉で「ウラシマ効果」と呼
ばれるものです。
そのため、半分冗談として、「浦島太郎は光速に近い速
さで移動するカメに乗ったのでは？」などともいわれて
います。

実際にあり得る話なんですね……。

 はい。この話は相対性理論に関する一般書にはよく書かれているものなのですが、私がこの例を積極的にとりあげなかったのには理由があります。

それは、カメに乗った浦島太郎からすれば、地上で止まっている人たちのほうが動いているように見えるはずだからです。

そうすると、単純に考えれば、地上の人たちのほうが歳をとるのが遅いように観測されるはずなのですが、実際にはそうなりません。

これは浦島太郎だけが地上に戻るための「折り返し」を行うことに起因しています。

しかし、この話は本書のレベルを超えるので、興味だけ持ってもらえたら、あとは忘れてもらっても構いません。

「時間の遅れ」
まとめ

1. 動いているものの時間は、
   ゆっくり進むように見える
   【時間の遅れ】

2. ただし、「時間の遅れ」を実感
   できるのは、「光速に近い速さ
   で進む場合」に限られる

第4章

「空間の縮み」とは何か?

LESSON
1

相対性理論で
「空間」はどうなる？

⏱ 時間が変わるのなら……？

 では次に**「空間の縮み」**についてお話ししましょう！

 今度は、空間まで変わっちゃうんですね……（驚）。

 前章でも繰り返しお話ししましたが、元々、速度は距離と時間によって決められるものでした。
しかし、光速度不変の原理によって、「速度」が固定されることになります。
ということは、「時間」と「空間（距離）」がそれに合わせて変更を受けると考えることができるわけです。

 実際に、「時間がゆっくり進む」ということも起きたわけですもんね……。

はい。

この「空間の縮み」についても、図と簡単な数式を使う
ことによって理解できます。

まず、とてつもなく長くて大きい、物差しのような棒を
イメージしてください。

 おっ！ 今回は電車じゃなくて棒なんですね！

 この棒の上を速度Vで走る電車があります。

 また電車じゃないですか（笑）！

なんとなく予想はしてましたけど……。

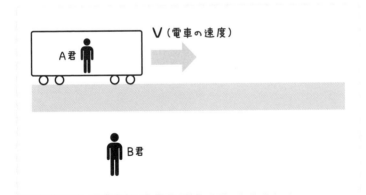

この電車に乗る人を、A君とします。

 じゃあ、やっぱりその電車を外から見ているB君がいるわけですか？

 エリさん、さすがですね！　その通りです。

ここで、この大きな棒の長さに注目します。

しかし、A君にとっての棒の長さと、B君にとっての棒の長さは変わり得ることに注意してください。

- **電車内のA君にとって、棒の長さはL_A**
- **電車外のB君にとって、棒の長さはL_B**

☀️「空間の縮み」を計算して確認しよう！

 まず、電車外のB君から見て、電車が端から端まで動くのにT_B秒かかったとしましょう。するとこの電車の速度は距離÷時間で次のように書くことができます。

$$V（電車の速度） = \frac{L_B（棒の長さ）}{T_B（時間）}$$

 ばっちりOKです！

 一方、A君の視点でも考えてみましょう。電車の速度Vはどちらから見ても同じはずなので、

$$V（速度） = \frac{L_A}{T_A} = \frac{L_A（A君の棒の長さ）}{T_A（A君の時間）}$$

と表すことができます。

第4章 「空間の縮み」とは何か？

速度VはA君から見て棒の先端が迫ってくる速度だと考えてもいいですよね？

 その通りです。エリさんもだいぶ相対的な考え方に慣れてきましたね。では、この式を利用して、L_A（A君から見た棒の長さ）について解いてみましょう。まず、前ページの式から次の部分に注目します。

$$\frac{L_B}{T_B} = \frac{L_A}{T_A}$$

ここから「$L_A =$ 〜」の形にするために、両辺に T_A をかけて、左辺と右辺を入れ替えます。

$$\frac{L_B}{T_B} \times T_A = \frac{L_A}{T_A} \times T_A$$

$$L_A = \frac{T_A}{T_B} L_B$$

ここまでは、ただ変形しただけですよね？

 はい。この式に言葉を加えるなら、

$$L_A (A君から見た棒の長さ)$$
$$= \frac{T_A (A君の時間)}{T_B (B君の時間)} \times L_B (B君から見た棒の長さ)$$

となります。

 ついていけてます！

☀️ 「時間の遅れ」を考慮する

 ここで、第3章で見た「時間の遅れ」を考えてみましょう。

 あっそうか！ 「動いているA君の時間が遅くなっている」わけですね！

その通りです。

そのために「時間の遅れ」の式を使います。

 「時間の遅れ」の式は……、これですね！

$$T_A = \sqrt{1-\left(\frac{v}{c}\right)^2}\ T_B$$

 そうです！

今回も、動いているのがA君、止まっているのがB君なので、この式をこのまま使用できます。

A君から見た棒の長さは、

$$L_A = \frac{T_A}{T_B}\ L_B$$

だったので、先ほどの「時間の遅れ」の式をここに代入してみましょう。

$$L_A = \frac{\sqrt{1-\left(\frac{V}{c}\right)^2}\, T_B}{T_B}\, L_B$$

分母と分子の T_B を消して、

$$L_A = \sqrt{1-\left(\frac{V}{c}\right)^2}\, L_B$$

となります。

 うーん、また難しくなってきましたー。

 式の変形が長くなってしまったので、そう感じるのかもしれません。結果をもう一度よく眺めてみてください。これはつまり、**「A君の棒の長さ」は、「B君の棒の長さに $\sqrt{1-\left(\frac{V}{c}\right)^2}$ を掛けたもの」**になる、というわけです。

 「時間の遅れ」の場合とほとんど同じですね！

その通りです！

 はじめから、その結果を教えてくださいよー（笑）。
それで、この式で、何がわかるんですか？

$$L_A = \sqrt{1 - \left(\frac{v}{c}\right)^2} \ L_B$$

 $\sqrt{1 - \left(\frac{v}{c}\right)^2}$ の式を見てください。前章でもお話ししまし
たが、$\sqrt{1 - \left(\frac{v}{c}\right)^2}$ は「常に1より小さい」わけですから、
次のようになります。

L_A（A君から見た棒の長さ）＜ L_B（B君から見た棒の長さ）

🕐 時間が遅くなり、空間も縮む

 あれ!?
同じ棒だったはずなのに、A君から見たほうが短くなっ
てる！

先生、計算を間違えたんじゃないですか？

これが、今回のテーマである「空間の縮み」なんです！
つまり、**棒が動いているように見えるA君には、棒の長さが縮んで見える**んです！

なんと！

これが「動いているものの長さが縮んで見える」という現象なのです。
この例では、わかりやすいように棒の長さを考えましたが、ある2点間の距離を測ったとしても同じことが起きますよね？
たとえば、2つの小石を1kmの間隔で置いたら、動いている人から見ると、その距離が990mに見えるということも起きます。
実際には、この小石はなくていいわけですから、「長さが縮んだ」というよりは**「空間が縮んだ」**という表現のほうがよいかもしれません。

えっと、頭がゴチャゴチャになってきた……。
A君が動くことによって周りの空間が縮んだのか、周り

が動いているから長さが短く見えるのか、どちらが正し
いんでしょうか？

いい質問ですね！
どちらの解釈も正しいんです。
そもそも特殊相対性原理の考え方に戻れば、A君自体は
静止していると考えられるわけですから、周りの動いて
いるもの（空間）の長さが縮んで見えるわけですよね。
これを簡単に表現したのが「動くものは縮んで見える」
という言葉で、物理の世界では「ローレンツ収縮」とい
う、カッコいい名前がついている現象です。

LESSON

2

つまり、
「空間の縮み」って、
どういうこと？

☀「空間の縮み」を具体的に考えてみる

 それで、実際にどのくらいの速度を出せば、どのくらい空間が縮むわけなんですか？

 たしかに、具体的な数字を見たほうが実感できますね。では、速度が 0.6c のときを考えてみましょう！

 c は光速度なので、光速の60％ということですね？

 はい。
光速度の 60％のときに、「空間の縮み」はどの程度になるのか、計算してみましょう。
A君から見たときの空間の長さは、

$$L_A = \sqrt{1 - \left(\frac{V}{c}\right)^2}\, L_B$$

でしたね。

そこで、$\sqrt{1 - \left(\frac{V}{c}\right)^2}$ の「V」に、0.6c を代入すると、

$$L_A = \sqrt{1 - \left(\frac{0.6c}{c}\right)^2}\, L_B$$

$$= \sqrt{1 - (0.6)^2}\, L_B$$

$$= \sqrt{1 - 0.36}\, L_B$$

$$= \sqrt{0.64}\, L_B$$

$$= 0.8\, L_B$$

となります。

ということは……？

 ということは、

L$_A$（0.6cで移動したA君から見た距離）は、

L$_B$（静止していたB君から見た距離）の、0.8倍になる、

ということになります。

つまり、静止していたB君から見た1kmは、0.6c で動いていたA君にとっての800mになる、ということです。

これが、「ローレンツ収縮」といわれる、「空間の縮み」を具体的に考えた結果です。

☀ 「空間の縮み」は、本当に起きているの？

 1kmが800mに縮むってすごいですよね。20％も縮んじゃったら、電車が壊れてしまいそうですよね（笑）。

 この「空間の縮み」というのは、対象物だけではなく、その空間自体が進行方向に縮むことになります。そのため、空間が縮んだとしても物が壊れたりはしません。

 でも、そんな途方もないこと、計算だけで納得できる人

は少ないのではないでしょうか？ 机上の空論かもしれ
ませんよ。

じつは、空間が縮んでいるということは、日々、起こっ
ている現象です。
長さの縮みも起きていますし、「時間の遅れ」も起きて
います。

何か実験で確認されたりしているんですか？

 高速で降ってくる短命な粒子「ミューオン」

では、地表に降り注いでいるミューオンという粒子の話
をしましょう。
まず、地球には大気圏が、だいたい地表から数十km程
度のところにありますよね？

はい！大気圏ならわかります！

大気圏には、実は毎日、この瞬間にも宇宙からたくさん
の宇宙線が飛び込んできています。

宇宙船ですか!? エイリアンでしょうか?

 宇宙「線」です（笑）。「せん」違いです。光速に非常に近い速さで飛んでいる粒子です。

 粒子ですか、びっくりしたぁ……。

 この宇宙線が地球にやってきて、大気圏にぶつかるわけですが、大気圏にも窒素などを始め、いろいろな粒子があります。そこで、ほかの宇宙線が大気圏で他の粒子とぶつかり、壊れて他の粒子に変わることがあります。そのときに出てくるのが、ミューオンという粒子です。

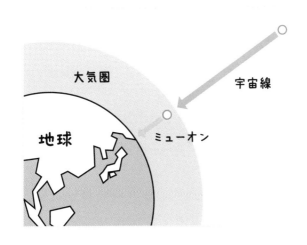

その粒子が、何か面白いんですか？

 ミューオンも、そのまま地表に向かって進んでいきますが、実は、このミューオンの寿命は非常に短く、だいたい、2マイクロ秒ぐらいなんですよね。

 マイクロ秒……？

 マイクロとは100万分の1ですから、100万分の2秒、ほんの一瞬の寿命です。その時間で崩壊してしまいます。その一方で、ミューオンは質量がほぼゼロに近く、光速の99.97％程度の速度で降ってきます。

 ものすごく速いですね！

 ほぼ光速です。ですから、相対性理論の効果は無視できなくなりますね。

 こういうレベルの話なんですね、相対性理論って。

 さて、ミューオンが寿命を迎える2マイクロ秒の間に、どのくらいの距離を進むことができるでしょうか？

えーっと……、先生、続けてください！

 ほぼ光速なので、30万km/秒ですから、メートルに直すと、3.0×10^{8}m/秒で進みます。

このときの時間は2マイクロ秒ですが、これも2×10^{-6}秒とすると、次のようになります。

$$3.0 \times 10^8 \text{m/秒} \times 2 \times 10^{-6} \text{秒} = 600 \text{m}$$

 ミューオンは崩壊するまで600m移動する、ということですね！

 そういうことになります。

 それで、何が問題なんですか？

 600m移動したとしても、大気圏の厚さを越えられず、途中で崩壊して地表に届くことはありませんよね？

☀ ミューオンが経験する「空間と時間」の歪み

 何が起きているんでしょうか?

 前ページの計算は、相対性理論の効果が取り入れられていないんです。たとえば、地上の私たちから見たミューオンは、光速に近い速さで動いているので時間がゆっくりと進み、「寿命が延びている」ように感じます。

 どのくらい延びることになるんでしょうか?

 実際に計算してみると、光速の99.97%で飛んできた場合、約41倍になります。つまり、ミューオンの寿命は41倍になるわけです。
すると、移動できる距離も41倍になるわけですから、大気圏を突破して地表に降り注ぐことができることになります。

 でも、ミューオンから見たら、地球が動いているように見えるんですよね? この場合、寿命は延びないんじゃ……。

とても鋭いですね。では、ミューオンから見た場合を考えましょう。

ミューオンに目がついていると想像することにします！

いいアイデアですね（笑）。それで大丈夫です。
ミューオンからすれば、動いているのは地球や大気圏のほうであり、自分ではないですよね。

大気圏がものすごい勢いで迫ってきて、すごく怖いです！

さっそくミューオンの気持ちになりきっていてよいですね（笑）。
ミューオンが止まっていると考えるとき、むしろ動いているのは地球や大気圏、つまり周りの空間になります。
そして、動いているものの長さは縮んで見えるので、大気圏や地球は運動方向にぺしゃんこに見えるわけです。
ここでも光速の99.97％で飛んできた場合を考えると、その縮みは1/41倍になります。つまり、距離がそれだけ短くなるので、ミューオンは地表に到達できることになります。

な、なるほど……。

相対性理論では、どちらの時間や空間が絶対、という考え方はなく「誰から見るか」で物差しを変えるんです。どの立場で計算しても、矛盾が生じることがないのが面白いところですね。

どちらの時間や空間の考え方が絶対的に正しい、というものがないんです。これが相対性理論です。

地球から見たら、空から降ってくるミューオンも、ミューオンからすれば、空から降ってくるのは地球だ！　っていいたいでしょうね（笑）。

そう、それこそが「相対性」ですね！

「空間の縮み」の
まとめ

1. 動いているものの空間は、進行方向に縮む

   【空間の縮み】

2. ただし、「空間の縮み」を実感できるのは、「光速に近い速さで進む場合」に限られる

第5章

「質量とエネルギーの
等価性」とは何か?

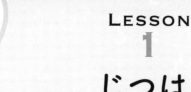

LESSON
1

じつは、
「質量保存の法則」は
間違い？

🕐 「特殊相対性理論の帰結」とは？

 特殊相対性理論が、なんとなくわかってきました！

 楽しく理解していただけたようですね！
では、いよいよ最後の、「質量とエネルギーの等価性」
についてお話ししたいと思います。

 え？　質量とエネルギーの、とうかせい？

 つまり、「質量とエネルギーは交換可能なもの」という
ことなんです！

 えーっと、やっぱりちょっとわかりません……。

☀「核分裂反応」で学ぶ、質量とエネルギー

 では、有名な例でお話ししましょう。

「ウラン235」という原子があります。この原子の核、

つまり中心には、陽子と中性子が合計で235個あります。

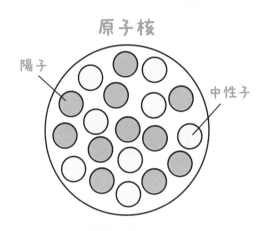

原子核

陽子

中性子

 陽子？　中性子？　原子核？

 難しいことを考えずに、いっぱい粒々が詰まっているも

のだと思ってください。

あっ、覚えなくていいんですね（笑）。

これには、あるものとぶつかると、分裂してしまうという性質があります。

これを核分裂といいますが、原子核が分裂して、小さい原子核が2個になることがあります。

核分裂……。原子力発電などで出てきますよね。

このとき、分裂した2つの原子核を調べてみると、もともと原子核に存在していた陽子と、中性子の数は変わりません。

つまり、235個あったものにもう1つぶつけて、236個になっているので、2つの原子核を合わせると、同数あることになります。

算数みたいですね！

常識的に考えれば、同じ陽子と中性子の数なので、合計の質量は変わらないはずです。

しかし、核分裂では、陽子と中性子の数は変わらないのに、分裂後の質量の合計のほうが少しだけ軽くなってし

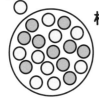

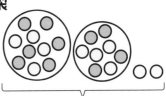

粒子の数は変わらない
のに質量が減る！！

まいます。

 粒々の数は同じなのに？

 この反応において、カウントしてない「何か」が1つあったとすると、分裂したときに生じるエネルギーです。この反応の場合、ものすごい熱エネルギーを放出します。

✴「質量とエネルギー」は、等価関係がある？

 質量の話なのに、エネルギーをカウントする必要があるんですか？

 仮定として「このエネルギーをカウントしないから、数値が合わなかった」と考えてみることにしましょう。
その仮定が正しいとすると、消失した質量の分がエネルギーになった、となるはずです。

 消去法で考えると、そうなるんでしょうか……。

 質量がエネルギーに変わったと考えたくなる実験の1つですね。
では、逆側を考えてみましょう！
「質量がエネルギーに変わる」ということは、逆に「エネルギーが質量に変わる」というケースもあるのではないか、と考えたくなりますね。

 「質量がエネルギーに変わる」のは、何となくイメージが湧くのですが……。

直感的にわかりやすいイメージとして、「電子を加速させる」ことを考えてみます。

たとえば、電子に大きなエネルギーを加えて加速させることができます。

どんどんエネルギーを加えていったとして、最終的にはどうなるでしょうか？

光速度（30万km/秒）に近づいていくわけですよね？

そうです！

速度には上限が決まっていて、どれだけエネルギーを加えても光速を超えることはできません。

では、加えられたエネルギーはどうなっちゃうんでしょうね？　骨折り損でしょうか？

普通の感覚では、「費やしたエネルギーの分だけ、速度が上がって、エネルギーが増えた」と感じるでしょう。

しかし、限りなく光速に近づくと、いくらエネルギーを加えてもほとんど速度は変わらなくなります。

いくらエネルギーを加えても速度が変わらない!?

じゃあエネルギーの無駄遣いになっちゃうわけですね？

そうです。全然もう、割に合わない。
「その分のエネルギーはどこに行ってしまったのか？」
となったときに考えられるのが、**「エネルギーが質量に
変わった」**という可能性です。

☀ 「質量保存の法則」は、じつはウソだった？

えぇぇ？
でも、無から有ができるわけですよね、それって？

一般的には、エネルギーを加えて「重くなった」と感じ
ることはありませんが、極限までエネルギーを加えても
変化がないとなると、「質量に変わった」と考えること
ができるわけです。

うーん、ちょっと実感が湧きづらいですね……。

実際に、物質に熱エネルギーなどを加える、つまり加熱
すると、ものすごくわずかですが、質量が増えることが

わかっています。ただ、日常生活で実感することはほとんどありません。

えっ!?
ということは、**質量保存の法則ってウソ**だったんですか？

ものすごく厳密に測ると、正しくはないということですね。ただ、日常レベルの精度で考えると、真っ赤なウソというほどの大きな差はありません。

だいたい合ってる、ということですか？

相対性理論以前の物理学と、相対性理論以後の物理学で何が大きく異なるかというと、「測定精度」の違いです。たとえば、「体重何キロ？」と聞かれたら「60kg」と答えるのが一般的ですよね。誰も、「60.0124567kg」と答えたりはしません。そういう精度においては、60kgで正しいわけです。
同じように、相対性理論以前の精度では、質量保存の法則はそこまで間違いではありませんでした。
しかし、時代が進んで測定精度が高くなり、ものすごく

精密に測ると、質量保存の法則が近似的なものである、ということがわかってきたのです。

そんな微量な質量を測定するのって、どうやったらできるんですか？

小さい粒子の質量を測るときによく使われるのが、電場や磁場などを活用して、その粒子の曲げにくさを見たりするような実験です。

質量保存の法則って、「そこまで大きく変わらないから、まあいいよね」っていうことだったんですね……。

この2つの話からわかるのが、**「エネルギーと質量は入れ替わりは可能」、つまり等価なものである**、ということです。
今までは感覚であまり密接に結びつかなかった2つの概念、エネルギーと質量が、こんなふうに行き来していることが、現在さまざまな実験からわかっています。

☀️「質量」が持つエネルギーを計算してみよう！

 それで、これが相対性理論と何か関係があるんですか？

 じつは、この「質量とエネルギーの等価性」というのが、特殊相対性理論の中でももっとも知られている事実だともいえます。

今回は、たとえば1gの質量がどれだけのエネルギーに対応するのか、ということを考えていきたいと思います。

 たった1gですか!?
そんなに大きなエネルギーがあるなんて思いませんけど……。

 それを探る公式が、「アインシュタインの式」として知られています。
エリさんも、見たことがあるかもしれません。

第5章 「質量とエネルギーの等価性」とは何か？

アインシュタインの式
$E = mc^2$

 あーっと、どこかで見たことあるような、ないような……。

 今回は、せっかく特殊相対性理論を学んだので、この式がどのような意味かを紹介します。
まず、この「E」はエネルギー（Energy）、「m」は質量（mass）、そして「c」は、何度もやってきましたが光速度を意味します。

 ここでも光速度が登場するんですね！

 この式を、物理をやっている人が見ると、このように「E」と「m」に色がついているように見えます。

$$E = mc^2$$

つまり、「E（エネルギー）」と「m（質量）」が直接結ばれているわけですね。このエネルギーと質量をつなぐものが何かというと、やっぱりここでも光速が出てきます。しかも、光速の2乗を掛けるわけです。

え!?
つまり**質量に30万km/秒の2乗を掛ける**わけですか？

そうです。質量に30万km/秒の2乗を掛けた値は、エネルギーの値と等しくなる、という式なんです。

それって、えーっと、どのくらいの大きさになるんですか!?

では、静止している1gの物体にはどれだけエネルギーが存在するのかを、計算してみましょう。

これは、そのまま代入するだけでいいんですか？

 こんなふうに計算します。

$$E = mc^2$$

この式の「m」は「kg」が単位なので、0.001kg、つまり1×10^{-3}kgを代入します。

$$E = 1 \times 10^{-3} \, kg \times c^2$$

光速は30万km/秒なので、c に3×10^8 m/秒を代入します。

$$E = 1 \times 10^{-3} \, kg \times (3 \times 10^8 m/秒)^2$$

$$E = 9 \times 10^{13} \, J$$

となり、エネルギーは**「90兆J（ジュール）」**となる計算です。

☀ 「1g」が持つ、とてつもないエネルギー

90兆ジュールって、どのくらいの大きさなんでしょうか？

よく例に出されるのが原子爆弾です。
かつて広島に投下された原子爆弾にも、ウランを原料とした核分裂反応が利用されていましたが、その原子爆弾による核分裂反応で消失した質量というのは、0.7g程度だったといわれています。

1gというと、ちょうど1円玉の重さと同じだと思うのですが、これが全部エネルギーに変わったら、大変なことになるんですね……。

そうですね。そのため、自分たちの身の回りにある物質も、質量が0になって消失すれば、莫大なエネルギーが生まれてくると考えることができます。

もちろん、理論的にそうなるというだけで、技術的に可能か、というのはまた別の話です。

もう、天文学的な話ですよね……。

まさに天文学的な話です。

天文学では、「この宇宙の始まりって何もないのに、どうやってものが生まれたんだろう？」という説明として「エネルギーから質量が生まれた」といわれることもあります。

さすがに理解を超えてきました……。でも普段、「熱くなったら重くなる」と思ったことはないですね。

先ほどもお話ししましたが、非常に小さい変化の話だからです。

逆に考えてみましょう。1gの質量を得るために必要なエネルギーはどのくらいになるでしょうか？

いきなりそんなこと言われても……。

使う式はさっきとまったく同じですよ。

「90兆J＝1g×光速度の2乗」

つまり、90兆Jで1g増えるわけです。

1g増やすために、原子爆弾レベルのエネルギーが必要だってことですか！

つまり、エネルギーがとてつもなく大きくないと、私たちが実感できるような質量を生み出すことはできないのです。ですから、少し炎が出るくらいの熱エネルギーでは、0.1gすら重くできません。

これが、質量保存の法則が正しいと思ってしまう理由なんですね……。

これほどの莫大なエネルギーで、ようやく1gにしかならない計算です。
通常の化学反応で生じるエネルギーでは、それが質量の変化として観測されず、まったく気付かなかった、ということですね。

そして当時は、その精度でも問題がなかったわけです。

それにしても、光の速度の話から、物質そのものの概念までわかるなんて、とてつもなく深いんですね、相対性理論って……。

じつは、アインシュタインは特殊相対性理論についての論文を1本だけ提出したわけではなく、いくつかのパートに分けて発表しています。

「アインシュタインの式」で知られる、「質量とエネルギーの等価性」についても、最初は色々と試行錯誤があったのだと想像できますね。

「質量とエネルギーの等価性」のまとめ

1. **質量とエネルギーは交換可能なものである**
   【質量とエネルギーの等価性】

2. **その換算式は、以下のように与えられる**
   $$【E = mc^2】$$

第5章 「質量とエネルギーの等価性」とは何か？

159

これで、相対性理論はバッチリですね！

 そうですね、特殊相対性理論の概要については、これで大体ご理解いただけたのではないでしょうか？

 そういえば、「特殊」のほかに「一般」というのがあるんでしたよね？

 じつは、これまで勉強した「特殊相対性理論」で扱えない大きなものが1つあるんです。

 なんでしょう……？

 重力です。そして、特殊相対性理論にこの重力の理論を取り込んだのが「一般相対性理論」なのです。

 今度は重力がテーマになるんですか！

 じつは、この一般相対性理論は特殊相対理論を完全に含んでいて、特殊相対性理論は一般相対性理論のある種の近似なのです。だから、より"一般"的なものに対して、"特殊"なケースを扱うものが特殊相対性理論なんですね。

たしかに、重力ってこの宇宙の法則を理解するのに重要なテーマのような気がします！

 一般相対性理論によって、重力とは時空の歪みだと認識されるようになり、またもや人類の世界観を大きく変えてしまいました。
興味があったら、エリさんも、ぜひ挑戦してみてください！

 さすがに青春は捨てたくないですよー（汗）。

特別授業

時空図で相対性理論を理解する

JIKUZU
1
時空図で
「時間や位置」を
視覚化する

‹‹ 時空図で「時間」と「位置」を視覚化する

 たくみ先生、ここまできてなんですが、じつは私、どうしても光速度不変の原理と相対性原理だけからでは、「同時」がズレるというのは納得ができなくて……。

 では、もっと視覚的にわかりやすくするために、**「時空図」**というものを教えましょう。難しく感じたら、忘れてもらっても大丈夫です。

 わかりました！
でも、「じくうず」って何でしょう……？

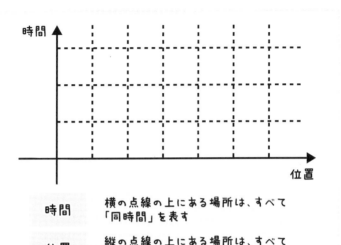

| 時間 | 横の点線の上にある場所は、すべて「同時間」を表す |
| 位置 | 縦の点線の上にある場所は、すべて「同位置」を表す |

 相対性理論を理解する上で、とても便利な図です。一般向けの解説書ではあまり見かけないものですが、これを見ると、「同時がズレてもおかしくない」と感じられるかと思います。

時空図って、なんだか点線だらけですね……。

 まず、縦軸が時間、横軸は位置を表します。そのため、縦の点線の上はすべて「同位置」を表し、横の点線の上はすべて「同時間」を表します。

☼ 静止しているモノの場合の時空図

 たとえば、テーブルの上に置いてあるリンゴの場合を考えましょう。テーブルの近くにいる自分がリンゴを見ているとします。

エリさん、この場合、時空図の座標はどうなると思いますか？

 リンゴはまったく動いていないので、「時空図上でも1点のまま動かない」で合っていますか？

 たしかにリンゴの位置は動いていませんが、時間は経過しているので、時間軸の方向に動きます。すると、位置は変わらず時間だけが進むことになるので、最初の時空図上の位置から上に進むことになります。

 時間の経過に合わせて、上方向に進むんですね。

位置が動かず、時間だけが経過する場合、
座標は上方向に真っ直ぐ進む

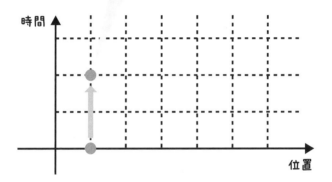

JIKUZU

2

慣性系によって
時空図が変わる

☀ 時空図上での光の表し方

この時空図は、縦軸の1メモリを1秒、横軸の1メモリを
30万kmというルールにもとづいて作ることにします。

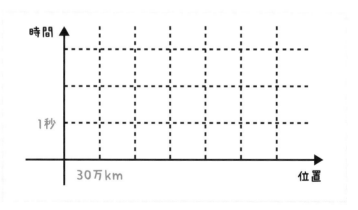

光は移動する際に毎秒30万km進むので、1秒の経過と
共に、正か負（左か右）のどちらか斜め45度の方向に

時空図上を移動します。

つまり、30万km/秒よりも遅い場合、その線の角度は45度以上になるのです（1秒で30万km未満しか進まないため）。

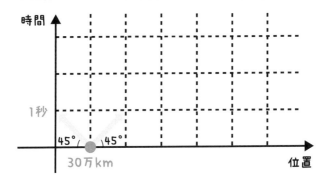

 30万km/秒よりも速い場合は……、おっと、光速度より速いものはないんでしたね（笑）。

 その通りです！

☀ 電車内から見た時空図

それで、第2章の例を時空図上に描くとどうなるんでしょうか？

では、「電車内で光を見ているA君」と、「電車の外から光を見ているB君」についての時空図を見てみましょう！
A君の時空図を、時空図Aとします。
電車の前端と、後端の動きを右ページの図に示します。

A君から見たら、**電車の前端も後端も動いていない**んですよね？

その通りです！
A君から見ると、時間が経過しても電車の前端と後端は動いていないので、時空図上では真っ直ぐ上に移動します。

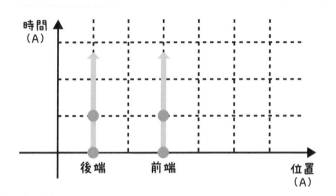

 時間の経過分だけ移動するわけですよね？

 その通りです。

では、次に電車の中心にある光源から発射された光について考えてみましょう！

光源は電車の真ん中にあるので、前端と後端の中間点に位置します。

光の動きは30万km/秒で変わりません。エリさん、光は時空図上をどのように進むでしょうか？

 斜め45度ですよね！

 その通りです！

この場合、前端に向かって進む光と、後端に向かって進む光があることに注意しましょう。

つまり、光源のある点から、2つの方向に45度で進む線を引きます。

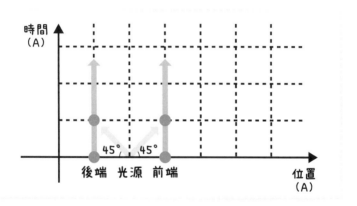

 前端と後端が描く直線と光が描く直線が交わる点が、検出器に光が届くタイミング、ということですね？

 エリさん、素晴らしいですね！
後端側の交点と、前端側の交点を見てください。縦軸上で同じメモリのところにありますよね？

 縦軸上で同じ値であるということは、「同時」に検出器

に到達している、ということですね？

はい。
電車と共に動くA君から見た場合です。

☀ 電車の外から見た時空図

時空図って、ちょっと馴染みがないので難しいのかと思っていましたが、慣れてくると、とてもわかりやすいです……！

問題は、この現象を電車の外から見ているB君の場合です。
こちらの時空図もつくって比較してみましょう！
B君が見ている電車の前端と、後端の動きを示したのが次ページの図です。
電車は光速以下の速度で動くので、**電車の前端と後端は45度以上の角度**で進みます。

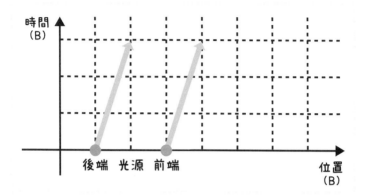

 A君から見たときと違って、斜めになるんですね。

 はい。

位置が移動しているので、横方向にも動くわけです。そして、前端も後端ももちろん同じ速度なので、その角度は同じになります。

 平行線のようになるわけですね？

 その通りです。

 今回の場合も光源は前端と後端の真ん中にあるから、前回と同じ場所になりますよね？

いい調子ですね！
前端と後端に向かう光の様子も書いてみましょう！

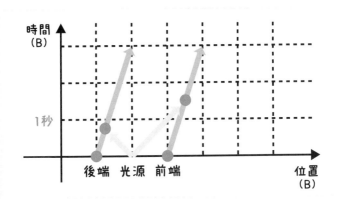

 あれ？
光はさっきと同じ角度で進むんですね？

 これがまさに「光速度不変の原理」なんです！
B君にとっても、光は常に同じ速さで進むので45度になります。

 おぉー！
なんだか楽しくなってきました！

❄ 時空図に見る「同時性の不一致」

 でも先生、同じ角度で光が進んだのに、後端と前端の線と交わる場所がズレていますね？

 まさにそれこそが同時性の不一致につながるんです！
電車の後端と前端は同じ角度で正の方向へ進むので、後端に向かう光のほうが先に直線と交わるわけです。
エリさん、この時空図から「後端の検出器に先に光が到達する」ことが読み取れますか？

 えーっと、縦軸が時間を表すわけだから、横の点線との位置関係を見ればいいのかな……？

 いい調子ですね。
そのように注目すれば、後端と前端には異なるタイミングで光が到達していることがわかると思います。

 B君から見ると、光が両端とぶつかるタイミングは同時じゃない、というわけですね！

エリさんにもポイントをつかんでいただけたようですね！

電車の外から見ているB君からは、後端のほうに先に光が届いて、その後に前端に光が届きます。

時空図上で考えると、それは電車の移動を表す線に傾斜がついているためでしたね。

なるほど……。

たしかに、時空図で確認すると、時間と空間がセットでよく理解できます。

でもこれだと、2人いたら2つの時空図が必要になるわけですよね……？

いい質問ですね。じつは、2人の時空図を1つに重ねる方法があるんです。

2つの時空図を
合わせて考えてみる

☼ 時空図に見る「同時のズレ」の瞬間

 時空図を使うことで、B君から見た場合に、光が電車の両端に届くのは「同時ではない」ということが視覚的にわかりました。

 でも、A君から見ると、光が両端に届くのは「同時」なわけですよね？
A君とB君の両方を考えると、やっぱり頭が混乱してきました……。

 では、A君にとっての時空図と、B君にとっての時空図がどうなっているのか、両方を合わせて考えてみましょう。

どうするんですか？

 まず、「A君にとっての『同時』は、B君にとってどこにあるのか？」を、電車外から見ているB君の時空図で考えてみます。

 B君の時空図で、「A君にとっての同時」を見る？

 A君にとっては、**前端と後端に光が届くタイミングが同時**に当たります。

そのため、「B君の時空図上でのA君にとっての同時」は、下の図の濃い青い線のようになります。

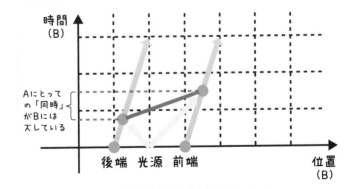

A君が感じた「同時のタイミング」をB君の時空図上で考えているわけですね……。

 A君にとって同時に感じる線は、この線だけではありません。実際に、光源の位置を変えて同じことを考えれば、別のところにも「同時」の線が引けることに気付くでしょう。

☀ なぜ、A君とB君で「同時」がズレるのか

 B君から見ると、A君の「同時のタイミング」はすべて斜めになって見えるわけですね?

 そうです!
この時空図上では、B君の「同時のタイミング」は、水平方向の線で表すことができました。
その一方で、A君にとっての「同時のタイミング」というのは、斜めになっているのです。

 同時を表す線と平行な「位置」の軸が斜めになることはわかりました。でも、「時間」の軸はどうなるんでしょう?

同位置を表す線と平行な時間軸も、じつは斜めになります。次が、2人の時空図を重ねた図です。

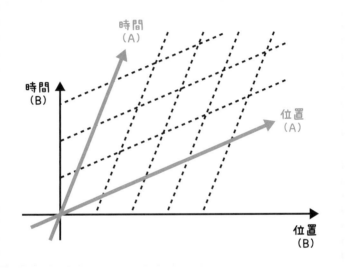

えーっと……、これはつまり……何？

つまり、A君にとっての同時と同位置に点線を打ってみたものです。

同位置の線も傾くんですか？

電車の話を思い出してみてください。A君にとって、電車の前端と後端は常に同じ位置でしたね？
それがB君の時空図上では斜めの線になっていたはずです。

 なるほど！
なんとなくわかってきました！

 時空図は、一般向けの相対性理論の本などでは、よく省略されてしまいますが、時間や空間についての議論で何か矛盾を感じたとき、その多くをスッキリと解消してくれるものなんです。

 そうなんですね。
私も、何か疑問があったときには、この時空図で解決したいと思います！

 ぜひ、チャレンジしてみてください！

おわりに

　時間とは何か。空間とは何か。皆さんも多感な時期（?）に一度は考えたことがあるのではないでしょうか。何を隠そう自分も、「学校にやってきた悪党をクラスメイトの前で華麗にやっつける」という妄想の次によく考えていました。

　じつを言うと、その答えは現在の物理学でもわかっていません。ただし、相対性理論が生まれる前に人類が抱いていたそれらの概念よりも、その真の姿に少しでも迫っているのは事実でしょう。

　物理学は、真の答えをいきなり出せるような学問ではありません。

　しかし、その何百年も前から物理学は存在し、人類の自然に対する理解を深め、人々の暮らしを豊かにしてきたのです。

　ひとたび原子が見つかれば、次にはその中にある原子核が見つかり、さらにはそれらが陽子や中性子と呼ばれるさらに小さい粒でできていることがわかり、最終的にはその粒でさえ、もっと小さい粒子からできていることがわかりました。物理学は、そのような積み重ねの学問なのです。

　目まぐるしく変化する社会生活に、時間があっという間に過ぎていくと感じている方も多いと思います。そんなときにはぜひ、物理学のような、ゆっくりと、しかし着実に進んでいく学問の一端に触れてくだされ
ばと思います。この本が、読者の皆さまの時間をゆっくりと感じさせる心地の良いものになることを願いつつ、筆を置きたいと思います。

　　　　　　　　　　　　　　　　　　　　　　　ヨビノリたくみ

[著者プロフィール]

ヨビノリたくみ

教育系 YouTuber。東京大学大学院卒。学生時代は理論物理学を専攻し、学部では「物理化学」、大学院では「生物物理」を研究していた。大学院の博士課程進学とともに6年続けた予備校講師をやめ、科学の普及活動の一環として YouTube チャンネル "予備校のノリで学ぶ「大学の数学・物理」（通称ヨビノリ）" 創設を決意。現在、チャンネル登録者数は24万人を突破。複数の大学が、授業の参考資料として授業動画を学生に紹介している。2018 年秋から始まった AbemaTV の東大合格プロジェクト番組『ドラゴン堀江』で「数学の魔術師」という異名を持つ数学講師として出演し、話題となる。

現在、教育系 YouTuber として活動する傍ら、バラエティを含む各種イベント・企画にも多数出演中。

著書に『難しい数式はまったくわかりませんが、微分積分を教えてください！』（小社刊）、『予備校のノリで学ぶ大学数学 』（東京図書）がある。

難しい数式はまったくわかりませんが、
相対性理論を教えてください！

2020 年 1 月 24 日　初版第 1 刷発行
2022 年 3 月 18 日　初版第 4 刷発行

著　　者	ヨビノリたくみ
発行者	小川淳
発行所	SB クリエイティブ株式会社
	〒106-0032 東京都港区六本木2-4-5
	電話 03（5549）1201（営業部）

装　　丁	小口翔平＋喜來詩織（tobufune）
本文デザイン・DTP	ISSHIKI（デジカル）
編集協力	野村光
編集担当	鯨岡純一
印刷・製本	三松堂株式会社

本書をお読みになったご意見・ご感想を下記 URL、QR コードよりお寄せください。
https://isbn2.sbcr.jp/04172/